AF630752

# MITTEILUNGEN

AUS DER

# CHEMISCH-TECHNISCHEN VERSUCHSSTATION

VON DR. HERMANN PASSOW

IN BLANKENESE.

## ERSTES HEFT.

1. Portlandzement und Hochofenschlacke. Offener Brief an Herrn Professor M. Gary von Dr. H. Passow.
2. Das Mineral Belit im Portlandzementklinker von Dr. H. Kappen, erstem Assistenten der Versuchsstation. Mit vier Figuren.

LEIPZIG

VERLAG VON VEIT & COMP.

1904

*Die Mitteilungen erscheinen in zwanglosen Heften.*
*Jedes Heft ist einzeln käuflich.*

**Leipzig.** **VEIT & COMP.**

# Portlandzement und Hochofenschlacke.

**Offener Brief.**

Herrn

Professor M. Gary,
Vorsteher der Abteilung für Baumaterialprüfung.
Groß-Lichterfelde (West).

Sehr geehrter Herr Professor!

Ihr Artikel über Hochofenschlacke und Portlandzement (Mitteilungen aus den Königlichen mechanischen Versuchsanstalten zu Berlin. Herausgegeben im Auftrage der Königl. Aufsichtskommission. 21. Jahrgang 1903. Drittes Heft) veranlaßt mich, diesen offenen Brief an Sie zu richten.

Sie versuchen es, in dem Ihnen zur Verfügung stehenden amtlichen Organ — also von einer bedeutsamen Stelle aus — einen aufblühenden Zweig der Portlandzementindustrie zu schädigen. Daß Sie an und für sich das Recht haben, objektive Prüfungen vorzunehmen und die daraus gezogenen Schlußfolgerungen bekannt zu geben, bestreite ich nicht. Ihr Amt macht es Ihnen sogar zur Pflicht, im Dienste des Gemeinwohles dafür zu sorgen, daß auf dem Gebiete des Bauwesens das wahrhaft Nützliche und das wirklich Schädliche in scharfer Beleuchtung zur allgemeinen Kenntnis gelangen. Andererseits haben Sie, eben weil Ihnen ein so verantwortlicher Posten anvertraut ist, sich in weit höherem Maße, als es ein Privatgelehrter zu tun hat, davor zu hüten, daß Sie etwas Nützliches und Wertvolles für schädlich und wertlos oder etwas Schädliches für gut und zweckmäßig erklären. Da Ihre Entscheidung leicht verhängnisvolle Folgen haben kann, müssen Sie vorsichtig sein.

Einen Angriff, wie Sie ihn in dem vorliegenden Artikel ausführen, durften Sie von Ihrer Stelle aus nur nach sorgsam ausgeführten Untersuchungen einer großen Menge von Proben und unter Berücksichtigung der langjährigen Erfahrungen der Praxis unternehmen. Was aber haben Sie statt dessen getan?

Sie haben Ihr Urteil ausgesprochen, ohne — und das scheint mir der Kardinalfehler Ihres Artikels zu sein — die enormen Unterschiede zwischen Laboratoriumsversuchen und den Ergebnissen im Großbetriebe miteinander zu vergleichen. Sie haben ferner nur ein minimal geringes Maß von Forschungsmaterial in Gestalt einiger weniger Proben herangezogen. Die zu allen derartigen Prüfungen durchaus notwendige Zuhilfenahme der Mineralogie haben Sie ganz und gar außer acht gelassen; auch haben Sie es versäumt, den Feinheitsgrad Ihrer Versuchszemente und Schlacken genügend zu berücksichtigen.

Infolgedessen sehe ich mich gezwungen, einen Protest gegen Ihren Artikel zu erheben. Ich werde Ihnen im nachfolgenden beweisen, daß Sie die Lösung der beiden Ihnen vorgelegten wichtigen Fragen:

1. ob granulierte Hochofenschlacke durch Ausglühen hydraulische Eigenschaften erhält,
2. ob es von Einfluß ist, wenn die Zumischung der Hochofenschlacke zum Zement vorher in der Fabrik erfolgt, oder die Schlacke erst bei der Mörtel- bezw. Betonbereitung den Mörtelbestandteilen zugesetzt wird,

nicht mit der ihnen gebührenden Vorsicht beantworteten, und daß infolgedessen Ihre Schlußfolgerungen teils unrichtig, teils überflüssig sind.

Zuvor aber muß ich Sie auf einen Irrtum in Ihren Einleitungsworten hinweisen.

Sie behaupten, ich hätte bestritten, daß es möglich sei, die Hochofenschlacke mit Nutzen auf dem Bauplatz direkt zuzumischen.

Das habe ich nie bestritten. Ich habe gesagt: „Die Ansicht, man könne die Hochofenschlacke dem Portlandzement auf dem Bauplatz mit dem nämlichen, ja sogar mit besserem Erfolge zusetzen, als in der Fabrik, verrate eine bodenlose Unkenntnis des Wesens und der Wirkungsweise der Hochofenschlacke," und das ist etwas ganz anderes. Um Mißverständnisse zu vermeiden, betone ich meinerseits deshalb ausdrücklich, daß es sehr wohl möglich ist, die Hochofenschlacke dem Portlandzement direkt auf dem Bauplatz mit Nutzen zuzumischen, aber ich erkläre andrerseits ebenso bestimmt, daß man aus vielen Gründen durch die Zumischung auf dem Bauplatz nicht annähernd den nämlichen Effekt erzielt, wie durch die Zumischung der Hochofenschlacke für die Portlandzementfabrikation im Fabrikbetriebe. Die rationelle Anwendung der Hochofenschlacke im Großbetriebe hat gegenüber der Anwendung der Hochofenschlacke auf dem Bauplatz nur Vorteile und keinen einzigen Nachteil.

Unsere Ansichten stehen somit im schroffen Gegensatz zu einander, denn Sie behaupten auf Grund von zwei Versuchsgruppen:

1. durch Glühen würden die Eigenschaften der untersuchten Schlacken, als Bindemittel betrachtet, nicht verbessert, sondern verschlechtert.
2. Daß die Festigkeiten der Mischungen der Bindemittel mit Schlacke schnell abnehmen, wenn man das Gemisch längere Zeit lagern läßt, und daß es daher nicht nur verwerflich, sondern sogar empfehlenswert erscheint, Mischungen mit Hochofenschlacke, wenn man solche verwenden will und kann, erst unmittelbar vor dem Gebrauch auf dem Bauplatz anzufertigen.

Von den beiden Versuchsgruppen, die Sie machten, entstand die erste auf Veranlassung des Vereins deutscher Portlandzementfabrikanten, die zweite aus eignem Antriebe.

## I

Schon beim Beginn der ersten Versuchsgruppe ist ein großer Fehler zu vermerken. Sie ließen sich von sechs Eisenportlandzementfabriken nur ungetrocknete granulierte Hochofenschlacke (ca. 200 Kilo von jeder Fabrik) schicken und versäumten es, sich außerdem auch noch zu den unentbehrlichen Vergleichen von den nämlichen Werken „fabrikmäßig getrocknete granulierte Hochofenschlacke“ und „gemahlene, getrocknete Hochofenschlacke“, sowie den dazu gehörigen „Portlandzementklinker“ auszubitten.

Wie kann man ein Produkt, dessen für die Praxis wertvolle Eigenschaften man im Begriff steht, wissenschaftlich zu untersuchen, nachmachen, ohne die sämtlichen zu diesem Produkt gehörenden Fabrikate und Halbfabrikate zur Hand zu haben?

Vor dem Beginn Ihrer Arbeit hätten Sie die Beschaffenheit der in den Eisenportlandzementwerken verwendeten Schlacken feststellen müssen. Eine mikroskopische Untersuchung der Eisenportlandzementschlacken hätte Ihnen gezeigt, daß diese ausnahmslos ein klares Glas darstellen. Für die Eisenportlandzementproduktion ist einzig und allein nur eine glasige Schlacke zu verwerten; eine entglaste Schlacke ist, wenn auch nicht in allen Fällen, wohl aber für diese Fabrikationsart minderwertig. Die entglaste ist unter dem Mikroskop leicht zu erkennen; sie hat durch Ausscheidungen von Kalkverbindungen ihre glasige Struktur verloren, ist undurchsichtig geworden und mehr oder minder in einen mikrokristallinischen Zustand übergegangen. Um eine Entglasung des durch die Wassergranulation der Schlacke entstandenen Glases zu verhüten, bedarf es einer genauen Kenntnis des Feuchtigkeitsgehaltes der Schlacke, ihrer chemischen Zusammensetzung, der Dauer ihres Verweilens im Trockenapparat, der Höhe der Trockentemperatur und des Grades von Feinkörnigkeit, mit dem die Schlacke in den Trockenapparat eintritt. Jede Eisenportlandzementfabrik hat zur Vermeidung der Entglasung ihrer Schlacke — wenn auch nur auf empirischem Wege — die Bedingungen auszuprobieren, die ihr für ihr Fabrikat die günstigsten Ergebnisse gewährleisten. Was für die Schlacke der einen Fabrik paßt, eignet sich vielleicht nicht für die andere, und daher ist es völlig erklärlich — und beruht nicht, wie Sie auf Seite 16 Ihrer Mitteilungen sagen, auf einem unaufgeklärten Widerspruch —, daß eine der Eisenportlandzementfabriken Ihnen mitteilte, ihre Schlacke erfordere eine Glühtemperatur von 4—500°, während ein anderes Werk angab, es bedürfe zu dem nämlichen Zweck einer Höhe von 5—600°.

Werke, die ihre Schlacken feuchter und in größeren Quantitäten den Trockenapparaten zuführen, können dieselben natürlich höher erhitzen, ohne die Temperatur der Schlacken bis zum Entglasungspunkte zu steigern, als Werke, welche die Schlacken nur von einer geringen Menge von Wasser zu befreien haben.

Anstatt nun vor allen Dingen dafür zu sorgen, richtig behandelte Schlacke, also möglichst reines Glas zu erhalten, haben Sie die Ihnen zugesandten Schlacken einem Trocken- und Glühprozeß unterworfen, der nicht die mindeste Ähnlichkeit hat mit dem Trockenverfahren in der Fabrik. Das durften Sie nicht tun.

Sie schreiben: „Jede Schlacke wurde für sich zunächst bis zur Unveränderlichkeit des Gewichts getrocknet und auf einer Kugelmühle so fein gemahlen, daß alles durch ein Sieb von 900 Maschen auf 1 qcm ging. Ein Teil des gewonnenen Pulvers wurde dann in einem kleinen Ofen zwischen 4—500° C. geglüht."

Sie werden mir zugeben, daß diese Art des Glühens sich wesentlich von dem Verfahren in dem Fabrikbetriebe unterscheidet; denn dort tritt die ungetrocknete Schlacke — grobkörnig — in den Trockenapparat ein. Sie aber haben einen Teil der Schlacke „pulverisiert" geglüht und dadurch die Temperaturhöhe in viel intensiverer Weise auf die einzelnen feinen Pulverkörnchen einwirken lassen, als es in Wirklichkeit jemals geschieht. Die Folge davon war, daß Sie den geglühten Teil Ihrer Versuchsschlacken völlig entglast haben und somit — ohne es zu wissen — seine Erhärtungsfähigkeit zerstörten. Ihr Versuchsmaterial, mit dem Sie erstens die Frage nach der Erhärtungsfähigkeit der Hochofenschlacke an sich und zweitens in bezug auf die Frage, ob das Glühen die Schlacke verschlechtere, beantworten wollten, bestand somit aus zwei Arten von nur getrockneter und daher wahrscheinlich, wenn auch nicht verbürgt glasiger Schlacke und einer durch unrichtiges Glühen völlig entglasten Schlacke.

Aus jeder der zwei Arten von Schlacken machten Sie Probekörper nach der für den Portlandzement vorgeschriebenen Weise und prüften sie auf ihre Festigkeiten.

Wäre Ihnen das Wesen und die Wirkungsweise der Hochofenschlacke bekannt, so würden Sie wissen, daß glasige Schlacke, fein gemahlen und mit Wasser angemacht, außerordentlich langsam erhärtet. Schneller erhärtet sie bei Anwendung von heißem Wasser und außerordentlich schnell in alkalischer Lösung.

Je reinglasiger eine Schlacke ist, um so schwächer reagiert sie im gewöhnlichen Anmachewasser, um so mehr bedarf sie zu ihrer Erhärtung einer alkalischen Lösung.

Je mehr entglaste Teile, als alkalisch wirkende Stoffe sich neben den glasigen Teilen in einer Schlacke befinden, um so weniger bedarf sie der Hinzufügung einer alkalischen Lösung, da diese sie ja schon bereits selbst besitzt.

Wollten Sie die wirkliche Erhärtungsfähigkeit der glasigen Schlacke im Eisenportlandzement prüfen, so mußten Sie ihr die in der Eisenportlandzementfabrikation gewährten Mittel ebenfalls verschaffen. Daß Sie mit Ihrer glasigen Schlacke, die noch dazu unverhältnismäßig grob gemahlen war, mit reinem Wasser verarbeitet nur geringe Festigkeiten erzielten, berechtigt Sie zu keiner Schlußfolgerung auf das Verhalten und den Wert der glasigen Schlacke in der Eisenportlandzementfabrikation.

Ihre entglaste Schlacke aber an sich und im Verhältnis zu den Festigkeiten der glasigen zu prüfen, war eine völlig überflüssige Mühe. Sie können aus diesem entwerteten Material allerdings wohl die Schlußfolgerung ziehen, daß eine durch fehlerhaftes Glühen verdorbene Schlacke, als Bindemittel an sich betrachtet, nicht schlechter als eine nur getrocknete Schlacke ist. Diese Behauptung bezieht sich aber, wie gesagt, nur auf die Fehlerhaftigkeit Ihres Glühens, und kein Mensch ist berechtigt, diese Folgerung zu verallgemeinern und aus ihr einen Schluß auf den rationellen Glühprozeß in den Eisenportlandzementwerken zu ziehen.

Hätten Sie z. B. nachweisbar jede Ihrer Schlackenart — die glasige wie die entglaste — anstatt sie für sich zu prüfen, staubfein vermahlen miteinander vermischt, so würden Sie gute Festigkeiten erzielt haben. Die gemahlene getrocknete Schlacke zu zylindrischen Körpern gepreßt,[1] die in der Mitte ein Loch zur Aufnahme eines Thermometers haben, zeigen im Kohlensäurestrom keine wesentliche Temperaturerhöhung, während die geglühte entglaste Schlacke eine sehr hohe Temperaturerhöhung aufweist. Es geht hieraus hervor, daß die letztere Schlacke reaktionsfähige Kalkverbindungen enthält, die imstande sind, mit Wasser eine auf die glasige Schlacke äußerst günstig wirkende alkalische Lösung

[1] Pressen zur Herstellung derartiger Probekörper liefert die Firma Nilsson & Korte, Hamburg.

zu erzeugen. Und daraus erklärt sich, daß zwei an sich geringhydraulische Körper miteinander vermischt einen hohen hydraulischen Wert haben können. Dies veranschaulicht Tabelle I.

Die Höhe des Kalkgehaltes des Portlandzementes und der Hochofenschlacke bieten an sich, wie aus dem eben Gesagten hervorgeht, nicht die Gewähr für ein gutes hydraulisches Bindemittel, sondern die Behandlungsweise. Wie tief man im Kalkgehalt hinunter gehen kann, um noch für den Handel wertvolle hydraulische Bindemittel zu erhalten, ist noch nicht genau festgestellt. Die Hauptsache ist und bleibt stets die Behandlung der Schlacke. Aus diesem Grunde war Ihre Feststellung der minimalen Prozentsätze von Titansäure, Phosphorsäure und Kohlenstoff überflüssig.

Was würden Sie sagen, wenn jemand einen durch fehlerhaftes Erbrennen zerrieselten Portlandzement auf seine Festigkeiten prüfen und daraus den völlig unrichtigen Schluß ziehen wollte: „Weil zerrieselter Portlandzement nur geringe hydraulische Eigenschaften hat (siehe Tabelle II), kann der gut gebrannte Portlandzementklinker, der ihm ja in analytischer Beziehung gleicht, ebenfalls nur einen geringen hydraulischen Wert besitzen"?

Nun aber sind die beiden Fabrikate, die entglaste Hochofenschlacke und der zerrieselte Portlandzement, sich einander darin ähnlich, daß sie, durch unrichtige Behandlung verdorben, als Versuchs- und Vergleichsmaterial nur für sich allein minderwertig sind (siehe Tabelle II).

Der somit sich als unrichtig erwiesenen Schlußfolgerung fügen Sie hinzu: „es ist nicht angängig, Schlackenmehle, wie die hier besprochenen, ob geglüht oder ob nicht geglüht, als ‚kalkarme Portlandzemente' zu bezeichnen, denn selbst vom kalkärmsten Portlandzement muß man bessere Erhärtungsfähigkeit verlangen als die beste der (von mir) geprüften Schlacken erwiesen hat."

Natürlich, selbst vom kalkärmsten Portlandzement muß man eine bessere Erhärtungsfähigkeit verlangen, als von einer ohne alkalische Lösung, also unrichtig angemachten und noch dazu viel zu grob gemahlenen glasigen Schlacke und von einer fehlerhaft geglühten entglasten Schlacke. Aber entkräftet diese Tatsache die Behauptung, daß durch eine richtige Behandlung die Hochofen-

Tabelle I. Versuchsresultate mit Hochofenschlacke des nämlichen Ursprungs bei verschiedener Behandlungsweise, ohne Zusatz von gewöhnlichem Portlandzement.

| | Analytische Zusammmensetzung der Schlacke | Abbindezeit | | Zugfestigkeit 1:3 | | | | | | |
|---|---|---|---|---|---|---|---|---|---|---|
| | | | | nach 3 Tagen | | nach 7 Tagen | | nach 28 Tagen | | |
| | | Beginn | Ende | Wasser kg | Luft kg | Wasser kg | Luft kg | Wasser kg | Luft kg | |
| Hochofenschlackensand bei ca. 300° getrocknet | $SiO_2$ 34,66 % | — | — | — | — | — | — | — | — | Sämtliche Schlacken wurden so fein gemahlen, daß sie auf dem 5000-Maschensieb keinen Rückstand hinterließen. |
| „ getrocknet, auf ca. 800° geglüht | $Al_2O_3$ + $Fl_2O_3$ 10,22 % | 8 St. 40 Mt. | 14 Std. 45 Mt. | — | — | — | 3,1 | 5,8 | 3,0 | |
| 80 T. getr. Schlackensand + 20 T. gegl. Schl. | CaO 44,77 % | 7 Std. | 13 Std. | — | — | 7 | 8,5 | 13,7 | 13,5 | |
| 60 „ „ „ + 40 „ „ „ | MgO 7,13 % | 7 Std. 40 Mt. | 12 Std. 45 Mt. | — | — | 6,2 | 4,5 | 19,5 | 12,2 | |
| 40 „ „ „ + 60 „ „ „ | S 2,24 % | 3 Std. | 6 Std. 30 Mt. | 3,5 | 4,7 | 11 | 8,4 | 17 | 10,3 | |
| 20 „ „ „ + 80 „ „ „ | 99,02 % | 3 Std. 25 Mt. | 6 Std. | 5,6 | 7,2 | 9,7 | 7,5 | 14,5 | 7,2 | |
| 50 „ „ „ + 50 „ „ „ | | 3 Std. 45 Mt. | 6 Std. 35 Mt. | 4,9 | 5,1 | 10 | 8,6 | 17,5 | 12 | |

Tabelle II. Zerrieselter Zement. 1 T. Zement + 3 T. Normalsand.

| | Prüfungstermin nach 7 Tagen | | | | Prüfungstermin nach 28 Tagen | | | | |
|---|---|---|---|---|---|---|---|---|---|
| | Zugfestigkeit | | Druckfestigkeit | | Zugfestigkeit | | Druckfestigkeit | | |
| | Wasser kg | Luft kg | Wasser kg | Luft kg | Wasser kg | Luft kg | Wasser kg | Luft kg | |
| Marke I | — | — | — | — | 5 | 6,2 | 40 | 44 | Der Zement |
| Marke II | 2,5 | 7,3 | — | — | 5 | 15 | 45,3 | 54,6 | war auf dem |
| Marke III | — | 5,2 | Nicht | geprüft | 5,4 | 8,2 | Nicht | geprüft | 5000-Maschen- |
| Marke IV | — | — | Nicht | geprüft | 3,5 | 6,8 | Nicht | geprüft | sieb abgesiebt. |

schlacke einen selbsterhärtenden Charakter enthält? Und da dies nachweisbar der Fall ist, so ist sie ihrer ganzen Beschaffenheit nach ein kalk- und tonhaltiger, durch Erhitzen von aller Kohlensäure befreiter, selbsterhärtender Zement, mit anderen Worten „ein Portlandzement".

Es unterliegt keinem Zweifel, die Hochofenschlacke ist kein dem Portlandzement fremder Körper, sondern erhält durch richtige Behandlung alle Portlandzementeigenschaften, und zwar bedarf sie, um als eine berechtigte Handelsportlandzementart aufzutreten, nicht einmal in allen Fällen der Mitwirkung des gewöhnlichen Portlandzementes.

Sie kann auch ganz für sich allein verarbeitet, allen Bedingungen und Normen des Portlandzementes vollauf gerecht werden, und dadurch wird zur Evidenz bewiesen, daß der Eisenportlandzement nicht etwa aus einem Portlandzement und einem guten Zumischmittel besteht, sondern aus zwei verschieden gearteten, einander günstig ergänzenden Portlandzementen.

Den Beweis von der Richtigkeit dieser Behauptung erbringt die Luftgranulation, die es der Hochofenschlacke ermöglicht, sich die Bedingungen zu ihrer Erhärtung ohne Zuhilfenahme des gewöhnlichen Portlandzementes selbst zu verschaffen. In Deutschland heißt der aus luftgranulierter Hochofenschlacke hergestellte Portlandzement: Hansaportlandzement; in Amerika, wo diese Fabrikation von den Portlandzementfabrikanten selbst bereits in großem Maßstabe aufgenommen ist, soll er anders genannt werden.

Läßt man auf feuerflüssige Schlacke Luft einwirken, so kann man je nach der Intensivität der Einwirkung der Luft eine Stufenfolge von Schlackenmodifikationen erhalten, die verschieden hydraulische Eigenschaften besitzen.

Durch außerordentlich lebhafte Einwirkung der Luft kann man eine rapide Erstarrung der Schlacke erreichen und es somit verhindern, daß kristallinische Ausscheidungen von Kalkverbindungen stattfinden. Diese Schlacke ist reines Portlandzementglas. Durch langsames Abkühlen kann man eine Schlackenmodifikation erzielen, in der zwar eine Kristallbildung stattfindet, die jedoch nicht bis zum Zerfall, zum Zerrieseln der Schlacke führt. Derartige luftgranulierte Schlacken enthalten außer ihrem Portlandzementglase reaktionsfähige Kalkverbindungen. Vermahlt man letztere Schlackenmodifikation für sich allein zu Pulver, so ergibt sie ohne jeden Zusatz von Portlandzementklinkermehl einen Zement, der die normengemäße Festigkeit und alle Eigenschaften eines guten Portlandzementes ergibt, und dem infolge seiner Zugehörigkeit zu den „kalk- und tonhaltigen, durch den Brennprozeß von jeder Kohlensäure befreiten, selbständig erhärtenden Zemente", sowie infolge seiner vollständig vorhandenen technischen Portlandzementeigenschaften und trotz seiner verhältnismäßigen Kalkarmut die Bezeichnung „Portlandzement" zuerteilt werden muß.

Wie aus obigem hervorgeht, kann man an Stelle des kalkreichen Portlandzementes auch die Hochofenschlacke selbst anwenden; diese muß dann nur dementsprechend behandelt werden. Man kann also Portlandzement dadurch herstellen, daß man 1. glasige, wassergranulierte Hochofenschlacke mit entglaster Schlacke (siehe Tabelle I), 2. glasige, wassergranulierte Hochofenschlacke mit gewöhnlichem Portlandzement (Eisenportlandzement), 3. glasige, luftgranulierte Hochofenschlacke mit entglaster, luftgranulierter Hochofenschlacke (siehe Tabelle III) in gleicher Mahlfeinheit vermahlt.

Tabelle IV zeigt die Prüfungsresultate eines fabrikmäßig hergestellten Hansaportlandzementes. Derselbe wurde, um seine Abbindezeit zu verkürzen, mit verschiedenen Prozentsätzen eines gut gebrannten schnellbindenden gewöhnlichen Portlandzementklinkers vermahlen, und zwar wurde der Marke 1 ein Zusatz von 10 %, der Marke 2 von 9 %, der Marke 3 von nur 7 % von gewöhnlichem Portlandzement gegeben. Die gefundenen Prüfungsresultate, die sich bis auf die Dauer von 2 $^1/_2$ Jahren erstrecken, zeigen Ihnen, wie wertvoll ein gut aufbereiteter derartiger Zement ist. Sie werden mir zugeben, daß hier nicht mehr von einer Verdünnung des Zementes durch die Schlacke, die mit 90 %, 91 % und 93 % vertreten ist, geredet werden kann. Aus den Resultaten geht sogar hervor, daß der höhere Zusatz von gewöhnlichem Portlandzement keine Verbesserung der Qualität nach sich gezogen hat, sondern daß die drei geprüften Zemente im wesentlichen einander völlig gleichwertig sind. Die Eigenfestigkeit der richtig behandelten Schlacke,

Tabelle IIIa. Versuchsresultate mit Hochofenschlacken ohne Zusatz von gewöhnlichem Portlandzement.

| | Siebrückstand auf dem 5000-Maschensieb | Abbindezeit | Volumenbeständigkeit | Zugfestgkeit. 1 T. Schlacke + 3 T. Normalsand. Die mit a bezeichneten Proben erhärteten 1 Tag a. d. Luft; die übrige Zeit unter Wasser. Die mit b bezeichneten nur an der Luft. 3 Tage alt a kg | 3 Tage alt b kg | 7 Tage alt a kg | 7 Tage alt b kg | 28 Tage alt a kg | 28 Tage alt b kg | Wasserzusatz |
|---|---|---|---|---|---|---|---|---|---|---|
| Geglühter Schlackensand bei ca. 800° C. D. K. | 0% | $5^1/_2$ Std. | gut | 0 | 0 | 0 | 0 | 5,8 | 3,9 | 6% |
| Getrockn. Schlackensand bei ca. 300° C. D. K. | 0% | War nach 48 Std. noch nicht abgebunden | — | 0 | 0 | 0 | 0 | 0 | 0 | 6% |
| 50 T. gegl. Schlackensand + 50 T. getr. Schlackensand D. K. | 0% | $10^1/_2$ Std. | gut | Nicht gepr. | | 7,5 | 10,4 | 16,5 | 30,3 | 6% |
| Luftgranul. Schlacke D. K. | 0% | 4 „ | „ | 6,7 | 14,5 | 10,8 | 24,3 | 16,0 | 30,0 | 6% |
| Luftgranul. Schlacke D. K. + 1% Gips | 20% | 8 „ | „ | 7,0 | 7,4 | 15,5 | 17,8 | 17,8 | 37,0 | 6% |
| Luftgranul. Schlacke H. I. | 18% | 12 „ | „ | 8,38 | 9,75 | 13,5 | 14,8 | 20,1 | 23,6 | 6% |
| Luftgranul. Schlacke H. II | 18% | $3^1/_2$ „ | „ | 6,0 | Nicht gepr. | 8,8 | Nicht gepr. | 15,7 | 17,8 | 6% |

Tabelle IIIb.

| Analytische Zusammensetzung d. Schlacke D. K. | | Analytische Zusammensetzung d. Schlacke H. I. | | Analytische Zusammensetzung d. Schlacke H. II. | |
|---|---|---|---|---|---|
| $SiO_2$ | 29,28% | $SiO_2$ | 32,25% | $SiO_2$ | 33,94% |
| $Al_2O_3 + Fl_2O_3$ | 14,00 „ | $Al_2O_3 + Fl_2O_3$ | 16,32 „ | $Al_2O_3 + Fl_2O_3$ | 15,10 „ |
| CaO | 49,93 „ | CaO | 46,12 „ | CaO | 43,87 „ |
| MgO | 2,12 „ | MgO | 1,65 „ | MgO | 1,80 „ |
| $CaSO_4$ | 1,47 „ | $CaSO_4$ | 0,37 „ | $CaSO_4$ | 0,91 „ |
| CaS | 2,59 „ | CaS | 3,04 „ | CaS | 3,26 „ |
| | 99,39% | | 99,75% | | 98,88% |

Tabelle IV. Hansaportlandzemente nach sechsmonatlicher Lagerung geprüft.

| | Siebrückstand auf dem Siebe von | | Abbindezeit | Volumenbeständigkeit | | Analytische Zusammensetzung der luftgranulierten Schlacke |
|---|---|---|---|---|---|---|
| | 900 Maschen pro qcm | 5000 Maschen pro qcm | | | | |
| Marke I*) | 0% | 7,5% | 6 Stunden 30 Minuten | Normenprobe<br>Heißwasserprobe<br>Darrprobe | bestanden | $SiO_2$ 35,01%<br>$Al_2O_3$ 9 97%<br>$Fe_2O_3$ 2,62%<br>CaO 45,50% |
| Marke II | 0% | 10% | 9 Stunden | Normenprobe<br>Heißwasserprobe<br>Darrprobe | bestanden | MgO 2,02%<br>$CaSO_4$ 0,65%<br>CaS 2,95%<br>98,71% |
| Marke III | 0% | 8% | 10 Stunden 25 Minuten | Normenprobe<br>Heißwasserprobe<br>Darrprobe | bestanden | Glühgewinn: 1,26%<br>Spez. Gew.: 2,946 |

Zugfestigkeitsresultate. Durchschnitt aus 5 Proben. Mischungsverhältnis: 1 Teil Zement + 3 Teile Normalsand.

| | 1. Die Proben erhärteten 1 Tag an der Luft, die übrige Zeit unter Wasser. Die angegeb. Zahlen beziehen sich auf 1 kg pro qcm | | | | | | 2. Die Proben erhärteten nur an der Luft. Die angegebenen Zahlen beziehen sich auf 1 kg pro qcm | | | | | |
|---|---|---|---|---|---|---|---|---|---|---|---|---|
| Prüfung nach: | 3 Tagen | 7 Tagen | 28 Tagen | 3 Mon. | 1 Jahr | 2½ Jahr | 3 Tagen | 7 Tagen | 28 Tagen | 3 Mon. | 1 Jahr | 2½ Jahr |
| Marke I | 12,1 | 14,8 | 27,3 | 34,6 | 40,0 | 48,5 | 13,6 | nicht gepr. | 33,6 | 49,2 | 59,1 | 67,0 |
| Marke II | 11,0 | 19,7 | 27,0 | 33,9 | 35,5 | 44 | 12,4 | 26,3 | 35,1 | 51,6 | 63,2 | 66,5 |
| Marke III | 9,0 | 13,4 | 25,2 | 30,0 | 42,0 | 42,7 | 11,3 | 19,9 | 27,2 | 50,5 | 55,5 | 56,5 |
| Druckfestigkeit. Durchschnitt aus 4 Proben. | | | | | | | | | | | | |
| Marke I | — | 129,3 | 196 | 292 | 300 | 424 | — | nicht gepr. | 212,6 | 284 | 328 | 385 |
| Marke II | — | 122 | 198 | 273 | 280 | 400 | — | 178 | 180 | 320 | 367 | fehlt |
| Marke III | — | 146 | 182 | 240 | 320 | 404 | — | 129,3 | 200 | 280 | 374 | 428 |

*) Marke I mit 10%, Marke II mit 9%, Marke III mit 7% gewöhnlichem Portlandzement vermahlen.

## Tabelle V.

Hansaportlandzement Marke II (vergl. Tabelle IV) kurze Zeit nach ihrer Herstellung geprüft.

| | Siebrückstand auf dem Siebe von | | Abbindezeit | Volumenbeständigkeit |
|---|---|---|---|---|
| | 900 Maschen pro qcm | 5000 Maschen pro qcm | | |
| Marke II | 0 % | 15 % | $12^1/_2$ Stunden | Normalprobe, Heißwasserprobe, Darrprobe: bestanden |

Zugfestigkeitsresultate. Durchschnitt aus 5 Proben. Mischungsverhältnis: 1 Teil Zement + 3 Teilé Normalsand.

| | 1. Die Proben erhärteten 1 Tag an der Luft die übrige Zeit unter Wasser. Die angegeb. Zahlen beziehen sich auf 1 kg pro qcm | | | 2. Die Proben erhärteten nur an der Luft. Die angegebenen Zahlen beziehen sich auf 1 kg pro qcm | | |
|---|---|---|---|---|---|---|
| Prüfung nach: | 3 Tagen | 7 Tagen | 28 Tagen | 3 Tagen | 7 Tagen | 28 Tagen |
| Marke II | 13,1 | 14,5 | 19,5 | 15,0 | 25,0 | 25,5 |

Druckfestigkeit. Durchschnitt aus 4 Proben.

| Prüfung nach: | 7 Tagen | 28 Tagen | 7 Tagen | 28 Tagen |
|---|---|---|---|---|
| Marke II | 157,6 | 210,4 | nicht geprüft | nicht geprüft |

nicht der geringe Zusatz des Portlandzementes, hat die vorzüglichen Resultate gezeitigt.

Bei dieser Gelegenheit möchte ich Sie auch auf die oft bezweifelten vorzüglichen Luftfestigkeiten der Schlacke hinweisen. Bei den drei Hansaportlandzementmarken hat sich das Bild in bezug auf den Eisenportlandzement verschoben; hier ist der gewöhnliche Portlandzement der wesentliche, die Schlacke dagegen der unwesentlichste Bestandteil, — beim Hansaportlandzement dagegen ist die Schlacke der Hauptbestandteil und der gewöhnliche Portlandzement nur ein Zumischmittel zur Erzielung gewisser Effekte; mit einem Wort, der gewöhnliche Portlandzement vertritt hier die Stelle des Gipses bei der gewöhnlichen Portlandzementfabrikation.

Alle Hochofenschlacken, die wassergranulierten und die luftgranulierten, bedürfen zur Erlangung ihrer vollen Entfaltungsfähigkeit der nämlichen Mahlfeinheit, die der mit ihnen gemeinsam verarbeitete gewöhnliche Portlandzement besitzt. Sie aber haben, wie ich schon betonte, bei der Untersuchung der vorliegenden Versuchsgruppe den großen Fehler gemacht, den Portlandzement außerordentlich fein zu vermahlen (auf dem 5000-Maschensieb mit 10 % Rückstand), die Hochofenschlacke dagegen ganz gegen alle Regel grob zu vermahlen (auf dem 5000-Maschensieb mit 36, 32, 24 und 49 % Rückstand). Warum Sie diesen, allem Fabrikgebrauch widerstreitenden Fehler begingen, ist unersichtlich. Im Fabrikbetriebe werden Portlandzement- und Hochofenschlacke immer ganz gleich fein gemahlen.[1]

Natürlich haben Ihre Tabellen infolge der Ihnen anhaftenden Fehler ihren Wert eingebüßt. Und so wird auch Ihre Tabelle (S. 66 Ihrer Mitteilungen) hinfällig, die veranschaulichen soll, daß es zur Betonbereitung ratsam ist, die dazu bestimmten Mengen

[1] Ich möchte Sie noch einmal darauf hinweisen, daß die kalkarmen Portlandzemente, zu denen die Hochofenschlacke gehört, im Anfange ihrer Erhärtung weniger reaktionsfähig sind, als die kalkreichen, und daß es daher geraten ist, diese außerordentlich fein zu vermahlen. Bei regulärer Verpackung vertragen sie diese Mahlfeinheit ohne zu überlagern, während der stark alithaltige, leicht reaktionsfähige gewöhnliche Portlandzement nicht allzu fein vermahlen werden darf.

Bei der Verwendung von Hochofenschlacke zur Portlandzementfabrikation habe ich schon seit geraumer Zeit mit besonders gutem Erfolg Schlämmanalysen ausgeführt. Ich habe dabei die Überzeugung gewonnen,

von 70 % gewöhnlichen Portlandzement und 30 % granulierter Hochofenschlacke auf dem Bauplatz statt in der Fabrik zuzumischen. Um diesen Beweis zu liefern, mischten Sie: gewöhnlichen Portlandzement mit der von Ihnen getrockneten gemahlenen Hochofenschlacke und glaubten dadurch Eisenportlandzement hergestellt zu haben. Dieses Produkt, das also keineswegs dem Eisenportlandzement oder einem anderen aus Hochofenschlacke hergestellten Handelsportlandzement entsprach, vermengten Sie mit 3 Gewichtsteilen Sand und 6 Gewichtsteilen Steinschlag zu Betonwürfeln. Diese Würfel verglichen Sie mit solchen, zu denen Zement, Schlacke und Sand gleichzeitig gemischt waren. Das Resultat war folgende Tabelle.

| | 7 Tage | | 28 Tage | | 90 Tage | |
|---|---|---|---|---|---|---|
| | Gew. d. Proben kg | Druckfestigk. kg/qcm | Gew. d. Proben kg | Druckfestigk. kg/qcm | Gew. d. Proben kg | Druckfestigk. kg/qcm |
| I. In Ihrer Versuchsstation nachgemacht. Eisenportlandzement + 3 Gew.-T. Sand + 6 Gew.-T. Steinschlag zu Würfeln geformt | 19,10 | 90 | 19,26 | 124 | 29,10 | 148 |
| II. 70 % gem. Portlandzement + 30 % Hochofenschlacke + 3 Gew.-T. Sand zusammengemischt und mit 6 Gew.-T. Steinschlag zu Würfeln geformt | 19,26 | 104 | 19,34 | 148 | 19,49 | 183 |

daß die Bestimmung der Schlämmrückstände bei dieser Fabrikation ungleich wichtiger und wertvoller ist als die Bestimmung des Siebrückstandes.

Auch in dem vorliegenden Falle würde es lehrreich gewesen sein, die Schlämmfeinheit der von Ihnen zu Versuchszwecken benutzten Zemente zu bestimmen, da die Bestimmung des Siebrückstandes auf dem 5000-Maschensiebe unzulänglich ist. Bei gleichem Siebrückstand auf dem 5000-Maschensieb differieren die Schlämmrückstände oft um 20—30 %.

Den Wert der Bestimmung der Schlämmrückstände in bezug auf die Verwendung der Hochofenschlacke werde ich, da dieses Thema von großem Interesse ist, in einer späteren Arbeit eingehend erläutern.

Die in dieser Tabelle angegebenen Festigkeitsdifferenzen besagen nicht das mindeste. Sie können vielleicht einem Laien imponieren; jeder Sachverständige aber weiß, daß so geringgradige Steigerungen durch Zufälligkeiten der verschiedensten Art entstehen können. Da sich Ihre Tabelle überdies nur auf eine einzige vergleichende Versuchsreihe und nicht, wie sie es hätte tun müssen, auf eine große Anzahl von Versuchen stützt, so ermangelt sie jeder Beweiskraft.

## II

Der zweite Teil Ihres Artikels bedarf nur einer kurzen Erwiderung, da die Streitfrage, auf die er sich bezieht, längst durch die Praxis erledigt ist. Sie behaupten, es empfehle sich, die Hochofenschlacke, falls man solche verwerten wolle, dem Portlandzement nicht im Fabrikbetriebe, sondern auf dem Bauplatz zuzumischen, und zwar stützen Sie diese Theorie — die, wäre sie richtig, einen großen Industriezweig überflüssig machen würde — nur mit einer einzigen Behauptung: der Behauptung, daß ein Gemisch von gewöhnlichem Portlandzement und Hochofenschlacke das Lagern nicht vertrage.

Im August 1884 schrieb Dr. Michaelis einen offenen Brief an den Verein deutscher Zementfabrikanten (zum Dogma von der Unmöglichkeit, Portlandzement durch verbindungsfähige kieselsäurehaltende Zuschläge zu verbessern). Er stellte die Möglichkeit fest, den Portlandzement durch geeignete Zuschläge zu verbessern. Er tadelte den betreffenden Verein, weil derselbe darauf dringe, daß derartige verbessernde Zuschläge als Beginn der Mörtelmischung aufzufassen und daher im Interesse des reellen Geschäftes unter allen Umständen nur vom Konsumenten zu machen seien.

Er schreibt: „Leider bin ich auch hierin wieder einmal der völlig entgegengesetzten Meinung, und zwar aus folgenden Gründen:

1. kann niemals der Konsument eine auch nur annähernd so zweckentsprechende Wahl der Zumischmittel treffen, um welche es sich hier handelt, welche chemisch in erster Linie und nicht bloß physikalisch wirken sollen,

2. kann er dieselben höchstwahrscheinlich niemals so innig dem Zement inkorporieren, wie es geschieht, wenn die Zumisch-

mittel den ganzen Zerkleinerungsprozeß des Zementklinkers in der Fabrik mit durchmachen,

3. wird er dieselben niemals so billig sich beschaffen können im verarbeiteten Zustande, d. h. innigst mit dem Zement gemischt wie der Fabrikant dieselben zu liefern imstande ist."

Die Richtigkeit dieser Thesen hat sich bis auf den heutigen Tag bewahrheitet, denn sonst hätte sich die Eisenportlandzementfabrikation nicht zu hoher Blüte entwickelt. Im Jahre 1901 lieferte sie nur „an Behörden" die enorme Menge von $16^{1}/_{2}$ Millionen Kilo und im Jahre 1902 steigerte sich diese Lieferung auf $21^{1}/_{2}$ Millionen Kilo. Daß unsere deutschen Behörden bei den Zuschlägen für Submissionen gewissenhaft und sorgsam zu Werke gehen, wird kein Mensch bestreiten, und wenn sie gemerkt hätten, daß dies Fabrikat durch das Lagern verdürbe, so würden sie ihren Bedarf nicht ausgedehnt, sondern eingeschränkt haben. Ferner ist zu bemerken, daß vor ca. 10 Jahren nur zwei Fabriken existierten, welche, da der Name Eisenportlandzement noch nicht eingeführt war, dieses Fabrikat schlichtweg als Portlandzement in den Handel brachten. Jetzt bestehen 10 Eisenportlandzementwerke mit einer sich stetig steigernden Produktion. Ein Zement, der das Lagern nicht verträgt, kann sich nicht in dieser Weise auf dem Markte halten.

Dr. Michaelis faßte damals und so heute noch geeignete Hochofenschlacke als ein den Portlandzement verbesserndes Zumischmittel auf, während ich dieselbe direkt als eine Portlandzementart auffasse. Die Verschiedenheit unserer beiden Standpunkte ist nur theoretischer Art, denn über den praktischen Wert der Hochofenschlacke sind wir ganz gleicher Meinung, — wir verlangen beide, daß die Vermischung der betreffenden Produkte vom Fabrikanten und nicht vom Konsumenten ausgeführt wird.

In einem offenen Brief vom 1. Nov. 1884 schreibt Dr. Michaelis auf S. 11:

„Die wertlosen Versuche der Amöneburger und anderer Zementtechniker, welche der richtigen wahren Erkenntnis so lange hinderlich gewesen sind, zeigen nur am besten, wohin es führen würde, wenn man den Konsumenten, wie sehr unbedachterweise vorgeschlagen ist, es überlassen wollte, die Zumischungen zum Zement selber vorzunehmen. Wenn schon Zementfabrikanten bei der Entscheidung dieser Frage so sehr fehlgreifen konnten, gänzlich unbrauchbare Schlacke ohne Verständnis anzuwenden, was würde dann erst von Laien geschehen können! Statt Nutzen zu erwirken, würde in der Regel alsdann geradezu Schaden gestiftet werden."

Ich unterschreibe völlig diesen bereits vor zwanzig Jahren geschriebenen Satz. Möchte aber noch hinzufügen, daß Ihre Arbeit mich zu der Erklärung zwingt, daß derartige Mischungen — sei es zu Versuchszwecken oder zur Verwendung in der Praxis — nur von denen vorgenommen werden dürfen, die das Studium der Hochofenschlacke und ihre Verwendung in der Praxis sowohl theoretisch wie praktisch vollkommen beherrschen.

Im ersten Teil dieses offenen Briefes habe ich Ihnen auf Grund Ihrer Ausführungen nachgewiesen, wie wenig Sie mit dem Wesen und der Wirkungsweise der Hochofenschlacke vertraut sind. Der zweite Teil Ihrer Arbeit bestätigt meinen Nachweis.

Um Ihren Lesern zu beweisen, daß die Festigkeiten der Mischungen von Portlandzement und Hochofenschlacke beim Lagern schnell abnehmen, machten Sie eine der Praxis absolut nicht entsprechende Probe mit einem einzigen selbst gemischten Fabrikate.

Sie hätten natürlich am besten getan, Eisenportlandzement aus dem Handel zu entnehmen und diesen, nachdem sie ihn auf seine Mahlfeinheit, Festigkeiten u. s. w. geprüft hatten, in betreff seines Verhaltens in sachgemäßer Weise in Sack- oder Faßpackung an einem trockenen Orte zu lagern und ihn dann mit dem gewöhnlichen Portlandzement und der ihm auf dem Bauplatz zugegebenen Mischung zu vergleichen.

Sie prüften aber nur ein selbst gemischtes Material. Und wie prüften Sie die beiden Versuchszemente? Sie nahmen ein Quantum gewöhnlichen Portlandzementes und ließen es, flach ausgebreitet, lagern. Einen Teil davon prüften Sie sofort, einen nach 1 Woche, einen nach 4 Wochen und den Rest nach 13 Wochen.

Das nämliche taten Sie mit einem Gemisch von Portlandzement und Hochofenschlacke. Sie sagen zwar, daß diese Hochofenschlacke aus den Vorräten einer Eisenportlandzementfabrik amtlich entnommen sei, aber Sie geben in betreff der Mahlung nur an, sie sei zementfein gewesen. Da Sie bei den früheren Versuchen die Mahlung von Hochofenschlacke auch dann, wenn sie 24—49 % Rückstand auf dem 5000-Maschensieb hatte, für zementfein erklärt haben, und da Sie an dieser Stelle nicht ausdrücklich betonten, daß diesmal die Mahlfeinheit günstiger gewesen sei, so ist anzunehmen, daß Portlandzement und Hochofenschlacke auch bei diesen Versuchen nicht die notwendige Mahlgleichheit hatten. Sie verlangten nun von diesem halb fein, halb grob gemahlenen Fabrikat, bei dem überdies noch zu ergründen gewesen wäre, ob Portlandzement und Schlacke zueinander paßten, die ganze gleiche Lagerfähigkeit wie von dem Portlandzement, der durch und durch die gleiche Mahlfeinheit besaß und zu dem infolgedessen die Luft einen weniger leichten Zutritt hatte, als zu dem mit grobkörniger Schlacke durchsetzten Portlandzement. Daß in diesem Falle eine solche unverständige Lagerungsweise, die in der Praxis weder bei der gewöhnlichen Portlandzement-, noch bei der Eisenportlandzementfabrikation vorkommt, der Portlandzement im Vorteil blieb, besagt nichts. Schon im Jahre 1889 wies Dr. Thomëi in der Sitzung des Vereins deutscher Portlandzementfabrikanten auf die Einwirkung der Luft und anderer Gase auf Zement hin und kam zu dem Ergebnis, daß Zement durch sachgemäßes Lagern nicht in seiner Qualität leidet, daß aber unsachgemäßes Lagern, besonders in feuchter Luft, die guten Eigenschaften des Zementes zerstört.

Der Eisenportlandzement verträgt das Lagern vorzüglich und nicht nur in den Zementsilos, wo er am geschütztesten lagert, sondern auch in Fässern, ja selbst in Säcken. Bei der Sackpackung ist natürlich der Zement dem Zutritt von Wasser und Kohlensäure aus der Luft viel leichter zugänglich, als in den Fässern und in den Silos. Aber auch hier weiß er sich zu schützen, indem er sich schon sehr bald nach seiner Verpackung eng zusammenballt und dadurch rund herum an seiner Oberfläche eine harte Schutzwand bildet, die das Eindringen der Atmosphärilien wirksam verhindert. Lassen Sie sackverpackten Zement eine Zeitlang an einem trockenen Orte lagern, so werden Sie finden, daß die betreffenden Säcke sich äußerlich so steinhart anfühlen, daß man denken sollte, ihr Inhalt sei bereits abgebunden und wäre somit verdorben. Von diesem Irrtum kommt man jedoch zurück, wenn man die Säcke hoch hebt und stark auf den Boden stößt; die Härte schwindet dann sofort, der Zement wird wieder pulverartig und die Außenseite des Sackes geschmeidig. Wenn Sie vergleichsweise die wirkliche Lagerfähigkeit eines Zementes prüfen wollen, so müssen Sie ihm auch die zur Konservierung seiner Eigenschaften notwendigen Bedingungen gewähren. Und das haben Sie nicht getan.

Wie gut richtig behandelte Schlacke das Lagern verträgt, beweist Ihnen Tabelle IV. Die dort angegebenen Festigkeiten beziehen sich auf Zemente, die erst nach sechsmonatlicher Lagerungszeit geprüft wurden.

Vergleichsweise füge ich noch Tabelle V hinzu. Diese gibt Ihnen die Festigkeiten eines luftgranulierten Zementes an, der kurze Zeit nach seiner Herstellung eingeschlagen war. Wie sie sehen, ist kein wesentlicher Unterschied zwischen den Festigkeiten des kürzer oder des länger abgelagerten Zementes zu konstatieren. Der letztere ist eher besser zu nennen als der erstere.

Folglich sind die Schlußergebnisse Ihrer zweiten Versuchsgruppe ebenso hinfällig wie die der ersten. Ich erkläre daher Ihre Arbeit und die aus ihr resultierenden Schlußergebnisse für wertlos.

Meine Schlußfolgerungen stehen den Ihrigen direkt entgegen. Ich fasse sie folgendermaßen zusammen:

1. bedaure ich lebhaft, daß der Verein deutscher Portlandzementfabrikanten in seiner Unkenntnis der Hochofenschlacke eine Frage an Sie gestellt hat, die Sie dazu verleitete, Untersuchungen zu unternehmen, die an sich völlig zwecklos waren, die aber dennoch geeignet sind, die fabrikmäßige Verwendung der Hochofenschlacke zu diskreditieren. Ich bedaure ferner, daß Sie Ihre Untersuchungen nicht mit der erforderlichen wissenschaftlichen Sorgfalt ausgeführt haben. Daß sie schon jetzt mißliche Folgen zeitigen, ersehen Sie aus der sicherlich nicht von Ihnen beabsichtigten Tatsache, daß die Tonindustriezeitung in Nr. 19 sich Ihres Artikels bereits bemächtigt hat und ihn zu Parteizwecken auszunutzen sucht.

2. Nach meiner Auffassung steht der Verwendung der Hoch-

ofenschlacke als Portlandzement eine große Zukunft bevor. Meine Tabellen beweisen, daß dieselbe als kalkarmer Portlandzement aufzufassen ist.

3. Die Festigkeiten der fabrikmäßig hergestellten Mischung von 70 % gewöhnlichem Portlandzement und 30 % wassergranulierter Hochofenschlacke des Eisenportlandzementes nehmen bei der in der Praxis üblichen Verpackung erfahrungsgemäß nicht schnell ab und haben niemals zu Beanstandungen geführt. Die luftgranulierten Portlandzemente vertragen das Lagern ebenfalls ebensogut wie der gewöhnliche Portlandzement.

4. Der Konsument kann die Hochofenschlacke dem Portlandzement auf dem Bauplatz nicht nur zumischen, sondern sogar mit Erfolg zumischen, vorausgesetzt, daß er folgende Bedingungen zu erfüllen vermag. Erstens hat er dafür zu sorgen, daß die Schlacke, die er zu verwenden beabsichtigt, die geeignete chemische Zusammensetzung besitzt; zweitens hat er sich davon zu überzeugen, daß seine Schlacke nicht durch den Glühprozeß entglast ist; drittens muß er seine Schlacke auf die Mahlfeinheit prüfen, und endlich hat er sich den zur innigen Vermischung von Portlandzement und Hochofenschlacke notwendigen Mischapparat anzuschaffen. Bei größeren Bauausführungen ist der Konsument wohl zuweilen in der Lage, diese schwierigen Bedingungen zu erfüllen. Im Kleinbetriebe dagegen stößt er auf fast unüberwindliche Schwierigkeiten. Daher geht er in beinahe allen Fällen sicherer, den gesammten Vermischungsprozeß, dessen Durchführung ein theoretisch und praktisch geschultes Personal erfordert, dem Großbetriebe der eigens dazu eingerichteten Fabriken zu überlassen. Nur dann wird er mit Sicherheit auf eine gute zuverlässige Handelsware rechnen können.

Ich halte daher an meiner Behauptung fest, daß die Ansicht, man könne die Hochofenschlacke mit dem nämlichen, ja sogar mit besserem Erfolg auf dem Bauplatz zusetzen, als in der Fabrik, eine bodenlose Unkenntnis des Wesens und der Wirkungsweise der Hochofenschlacke verrät.

Hochachtungsvoll

Dr. Hermann Passow.

## Das Mineral Belit im Portlandzementklinker.

Von Dr. H. Kappen, erstem Assistenten der Versuchsstation.

Vor einiger Zeit wurden von Dr. Passow Versuche zum Niederschmelzen von Zementrohmischungen vermittelst Wassergas gemacht. Es wurde hierbei auch unternommen, die möglicherweise im Portlandzement vorkommenden Kalksilikate rein darzustellen. Zu diesem Zwecke wurden reine Kreide und reines Quarzmehl auf das feinste gemahlen und in solchen Gewichtsverhältnissen innig gemischt, daß die resultierenden Schmelzmassen der chemischen Zusammensetzung eines Tri-, Bi- und Monocalciumsilikates entsprechen sollten. Ausgeführt wurden die Schmelzversuche, indem die Mischungen in Graphittiegeln bis zum Zähflüssigwerden erhitzt und dann ohne weitere Maßregeln der Abkühlung überlassen wurden. Sehr zu bedauern ist es, daß gerade die Mischung des Tricalciumsilikates durch einen unglücklichen Zufall gänzlich entwertet wurde. Immerhin scheinen die mit den beiden anderen Silikaten, besonders dem Bicalciumsilikate, erzielten Resultate allgemeinerer Kenntnisnahme wert zu sein.

Was über Bicalciumsilikat $2 CaOSiO_2$ und seine Herstellung bisher in der Literatur vorliegt, ist sehr wenig. In seinem Werke „Mineralbildung in Schmelzmassen" bezweifelt J. H. L. Vogt bei der Behandlung der Olivine die Möglichkeit der Herstellung eines reinen Kalkolivines. Er sagt an einer anderen Stelle dieses Werkes (S. 120), daß Schmelzflüsse von der chemischen Zusammensetzung $2 CaOSiO_2$ beim Abkühlen zu einem feinen Pulver zerfielen. Dasselbe behauptet auch Zukolwsky in seinem Werk „Über die Erhärtungstheorie der hydraulischen Bindemittel". H. Le Chatelier[1] glaubt Bicalciumsilikat durch Zusammenschmelzen von $2CaO$ und $SiO_2$ in $CaCl_2$ erhalten zu haben, und sagt, das nämliche Mineral komme im Portlandzementklinker vor. In einer im Jahre 1897 erschienenen petrographischen Abhandlung über Portlandzement beschreibt Prof. Törnebohm dasselbe Mineral, wie Le Chatelier und nennt es Belit.

Der von Dr. Passow ausgeführte Versuch zur Herstellung des reinen Bicalciumsilikates beweist nun zunächst, daß, wenn man nur bis Plastischwerden der Masse erhitzt, das Silikat keine Neigung zum Zerfallen hat. Wir erhielten es nämlich als ein etwas grünlich gefärbtes sehr poröses, jedoch ziemlich hartes Gestein in einer Gewichtsmenge von ca. 500 g, so daß auch sichere Proben auf seine Volumenbeständigkeit und seine Erhärtung angestellt werden konnten. Das reine Silikat ohne Zusatz von Gips brauchte — mit 26 % Wasser zu einem Brei verrieben und auf einer Glasplatte ausgebreitet — etwa 15 Stunden zu seinem Abbinden. Die Prüfungen auf Volumenbeständigkeit durch die Normen-, Darr- und Kochprobe wurden einwandsfrei bestanden. Das spezifische Gewicht betrug 3,12.

Die chemische Analyse ergab folgende Zusammensetzung des Silikates:

| | |
|---|---|
| $SiO_2$ | 34,98 % |
| $Al_2O_3$ | 1,7 „ |
| $CaO$ | 62,20 „ |
| $MgO$ | 1,6 „ |
| Summe | 100,48 % |

Berechnet für $2CaO, SiO_2$ sind 34,68 % $SiO_2$ und 65,22 % $CaO$. Die Abweichung des Silikates von der Berechnung ist darauf zurückzuführen, daß die Schmelzmasse Bestandteile der Tiegelwandung in sich aufgenommen hat; jedoch ist diese Verunreinigung nicht so bedeutend, als daß sie auf die Mineralbildung einen weitergehenden Einfluß ausgeübt hätte. Die mikroskopische Untersuchung angefertigter Dünnschliffe ergab folgende Resultate:

Das Bicalciumsilikat besteht aus rundlich geformten stark

[1] H. Le Chatelier, Recherches expérimentales sur la constitution des ciments et la théorie de leur prise. Comptes rendus. 1882. t. XCIV. S. 867.

lichtbrechenden Körnern, die keine kristallographische Umgrenzung zeigen. Sie sind eigentlich farblos, erscheinen aber infolge zweier äußerst feinen, sich unter wechselnden Winkeln kreuzenden Streifungen etwas undurchsichtig, getrübt. Die Kristalle zeigen starke Doppelbrechung, erkennbar an lebhaften Polarisationsfarben. Die Auslöschungsrichtungen fallen mit keiner der oben genannten Streifungsrichtungen zusammen, häufig halbieren sie jedoch die von den beiden Streifungen gebildeten Winkel. Seltener beobachtet man deutliche Spaltrisse, parallel und senkrecht zu denen die Kristalle auslöschen. Mitunter sind einzelne Kristalle durch eine geringe Menge glasiger Substanz, deren Entstehung wohl auf die Verunreinigung des Silikates durch die aufgelösten Tiegelwandungen zurückzuführen ist, getrennt. Andere Mineralien sind jedoch in der Schmelzmasse nicht gebildet. Die Abbildung 1 zeigt einen Dünnschliff des Bisilikates in einer Vergrößerung von 1:250, gezeichnet nach einer Photographie.

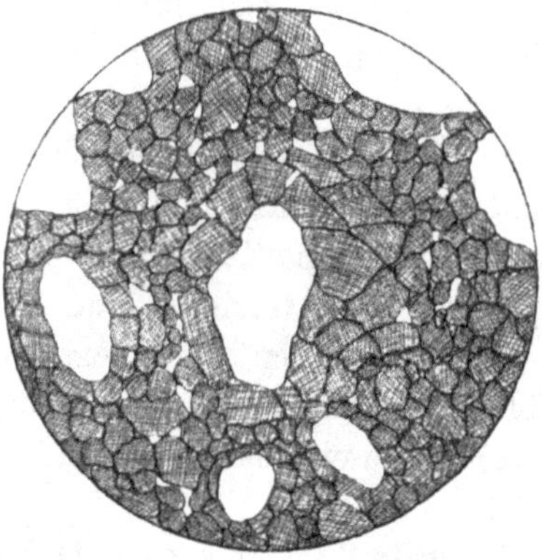

Fig. 1.

Wenn man Analyse und mikroskopisches Aussehen des erhaltenen Minerales kritisch betrachtet, so ergibt sich, wenn auch ein kristallographischer Zusammenhang zwischen ihm und dem MgO-Olivine sich vorläufig nicht nachweisen läßt, als zweifellose Annahme, daß das beschriebene Mineral wirklich Bicalciumsilikat sein muß.

Vergleicht man nun die Beschreibung dieses Bicalciumsilikates mit der Beschreibung, die Prof. Törnebohm für sein Mineral Belit gibt, so geht aus diesem Vergleiche die Idendität beider Mineralien mit voller Sicherheit hervor. Prof. Törnebohm sagt nämlich folgendes:

„Der Belit ist an seiner schmutzig gelben, etwas trüben Farbe kenntlich. Er ist optisch zweiachsig, sein Lichtbrechungsvermögen ist ziemlich stark. Er bildet Körnchen mit rundlichen Formen ohne erkennbare Kristallumrisse. Bald treten die Körnchen einzeln, bald gruppenweise auf. Oft sind sie gestreift, mitunter sogar nach zwei verschiedenen Richtungen, die — je nachdem die Schnittlage ausgefallen — einander unter wechselnden Winkeln schneiden. Die Auslöschungsrichtung ist in der Regel mit keiner der Streifungsrichtungen parallel." So Törnebohm. Der einzige Unterschied zwischen dem beschriebenen Bicalciumsilikat und dem Belit liegt in der stets etwas gelblichen Farbe des letzteren, die auf eine Beimischung von $Fe_2O_3$ zurückzuführen ist und die

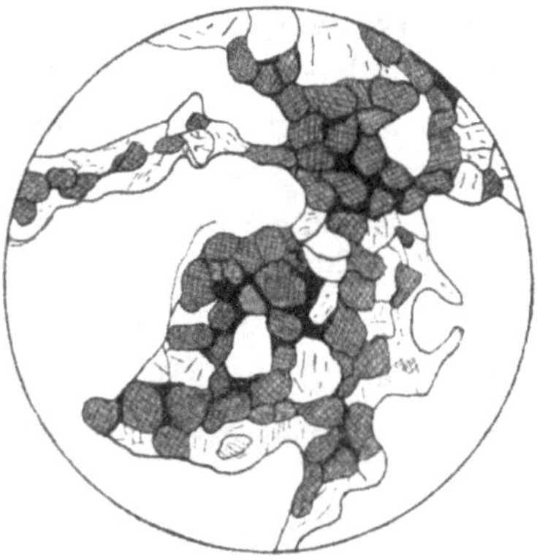

Fig. 2.

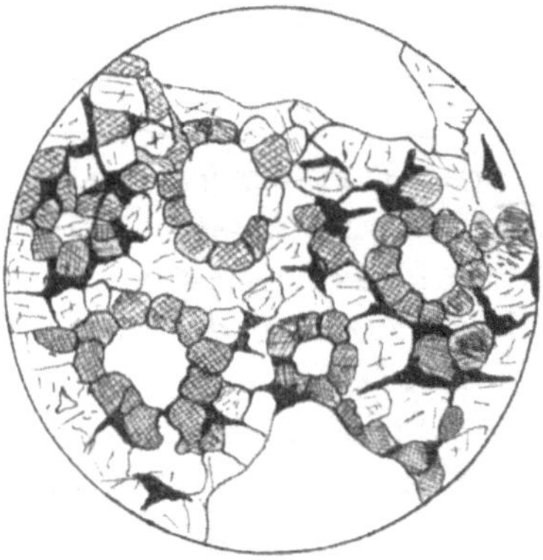

Fig. 3.

bei dem Bicalciumsilikat infolge der Verwendung sehr reiner Komponenten nicht eintreten konnte. Im übrigen stimmen die Eigenschaften beider Mineralien so vorzüglich überein, daß hiermit das Portlandzementmineral Belit wohl definitiv für ein Bicalciumsilikat (durch etwas $Al_2O_3$ und $Fe_2O_3$ stets verunreinigt) erklärt werden kann. Obenstehend gebe ich noch zwei Abbildungen des Belits in verschiedenen Klinkermassen, welche seine Identität mit dem beschriebenen Bicalciumsilikate veranschaulichen sollen.

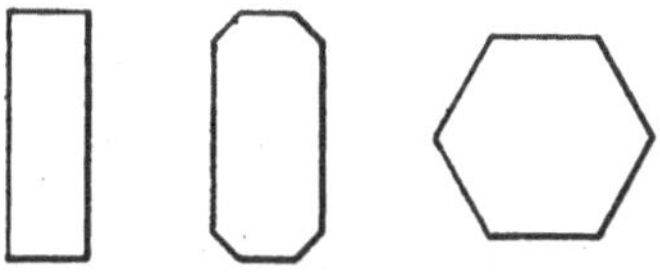

Fig. 4.

Abbildung 2 zeigt den Dünnschliff eines sehr porösen Klinkers; er besteht zum größten Teil aus gelblich gefärbtem, fein gestreiftem Belit. Die farblosen Partien sind Alit, der in diesem Falle seine sonst meistens vorhandene ziemlich regelmäßige kristallographische Umgrenzung vermissen läßt. Die ganz dunkel angelegten Partien bestehen aus der dunkelbraunen Schmelzmasse, dem Celit.

Abbildung 3 zeigt den Alit in teilweise guter kristallinischer Ausbildung. Belit tritt in derselben charakteristischen Form auf, wie in Abbildung 2.

Die Herstellung des anfangs erwähnten Monocalciumsilikates ist ein Versuch, der bereits früher mit bestem Erfolg von Doelter und letzthin von J. A. L. Vogt ausgeführt worden ist. Von uns wurde das Mineral besonders deshalb hergestellt, um entscheiden zu können, ob es im Portlandzementklinker vorkomme, dann aber auch, um es auf sein hydraulisches Verhalten zu untersuchen. Diese beiden Punkte dürften wohl diejenigen sein, die dem Zementchemiker das größte Interesse abgewinnen werden. Da es aber nicht jedem ohne weiteres möglich ist, sich zwecks Orientierung über das Monocalciumsilikat die Veröffentlichungen der oben genannten Autoren zu verschaffen, so gebe ich an dieser Stelle noch einmal eine kurze Beschreibung unseres Minerals:

Das in seiner chemischen Zusammensetzung dem natürlichen Wollastonit entsprechende, durch Zusammenschmelzen der Bestandteile erhaltene Mineral, gehört dem hexagonalen Kristallsystem an. Es tritt stets in der Kombination des hexagonalen Prismas mit Basis auf; bisweilen beobachtet man das Vorhandensein einer flachen Pyramide. Im Dünnschliff präsentieren sich die Kristalle meist als längliche Rechtecke, selten mit der durch die erwähnte Pyramide hervorgerufenen Abstumpfung der Enden. Diese Schnitte zeigen stets gerade Auslöschung und sind durch kräftige Polarisationsfarben (rot, grün) ausgezeichnet. Nicht selten sind auch regelmäßig sechseckige Schnitte zu beobachten; sie bleiben bei voller Umdrehung des Präparates um 360° gänzlich dunkel und zeigen im konvergenten polarisierten Lichte deutlich das schwarze Kreuz einachsiger Kristalle. Beobachten konnte ich ebenso wie Doelter und Voigt, daß beim Drehen des Präparates sich die Balken des Kreuzes zuweilen etwas öffnen. Der Charakter der Doppelbrechung ist positiv. Die Stärke der

Lichtbrechung ist nicht sehr groß. Das spezifische Gewicht des Minerals wurde festgestellt zu 2,89.

Die in der Beschreibung mitgeteilten optischen und kristallographischen Eigenschaften des hexagonalen Wollastonits lassen jeden mit der Petrographie des Portlandzementes Vertrauten sofort erkennen, daß dieses Monocalciumsilikat in einem normal chemisch zusammengesetzten und gut gebrannten Klinker nicht vorkommt. Was die hydraulischen Eigenschaften des Monocalciumsilikates angeht, so war selbstredend weder von einem Abbinden, geschweige denn von einem Erhärten des fein gemahlenen Silikates etwas zu bemerken, ja selbst als Puzzolan mit Kalk gemischt zeigte es keinerlei hydraulische Eigenschaften. Trotzdem wurde das Verhalten des Minerals gegen Wasser aufs eingehendste geprüft, und zwar aus folgenden Gründen. Es teilt nämlich in seiner bereits oben zitierten Schrift „Über die Erhärtungstheorie der hydraulischen Bindemittel" von Prof. Zulkowsky mit, daß Monocalciumsilikat mit reinem oder $Ca(OH)_2$-haltigem Wasser zusammengebracht und ab und zu umgeschüttelt, sehr bald sein Volum um das 2—3 fache durch Quellung ohne Wasseraufnahme vermehre. Auf diese Tatsache stützt er seine Theorie über die Erhärtung der Bicalciumsilikat enthaltenden hydraulischen Bindemittel. Die Erhärtung beruht nämlich nach Zulkowsky darauf, daß das Bicalciumsilikat mit Wasser ein Molekül $Ca(OH)_2$ und $CaSiO_3$ bilde. Das Monocalciumsilikat bewirke nun durch seine Quellung unterstützt durch das auskristallisirende $Ca(OH)_2$ die Erhärtung des Bicalciumsilikates, überhaupt der Zemente.

Ich behandelte also in gleicher Weise wie Zulkowsky das fein gemahlene Silikat mit destilliertem Wasser und mit Kalkhydratlösung, außerdem erhitzte ich es mit Wasser und Ätzkalklösung in zugeschmolzenen Röhren mehrere Tage auf $100^0$.

Nach einer solchen Behandlungsweise sollten die „glasigen Körner" des Silikates, wie Zulkowsky sich ausdrückt, unter dem Mikroskop gar nicht mehr zu erkennen sein. Nach meinen Untersuchungen muß ich nun schließen, daß Zulkowsky entweder kein wirkliches Monocalciumsilikat vor sich gehabt hat, oder daß ihm sonst ein Irrtum unterlaufen ist; denn von einer Veränderung des Monocalciumsilikates konnte ich bei meinen Versuchen absolut nichts bemerken. Nach mehrtägiger Behandlung mit kochendem Wasser erschienen die Kristalle unter dem Mikroskop absolut klar und scharfkantig, hatten nichts von ihren optischen Eigenschaften verloren und zeigten nicht einmal die Andeutung einer Zersetzung. Da aber aus der früher angegebenen Beschreibung sich unser Mineral als ganz unzweifelhaft aus $CaOSiO_2$ bestehend erweist, so dürfte die Anschauung, es könne an der Erhärtung hydraulischer Bindemittel teilnehmen, durch meine Ausführungen und Nachprüfungen als widerlegt zu betrachten sein.

Verlag von VEIT & COMP. in Leipzig.

# HANDBUCH DER MINERALOGIE.

Von

**Dr. Carl Hintze,**

e. ö. Professor der Mineralogie an der Universität Breslau.

Zwei Bände Lex. 8-Format mit zahlreichen Figuren.

Erster Band.

**Elemente, Sulfide, Oxyde, Haloide, Carbonate, Sulfate, Borate, Phosphate.**

*Erste* bis *siebente* Lieferung à 5 ℳ. (Schluß in Vorbereitung.)

Zweiter Band.

**Silicate und Titanate.**

1897. geh. 58 ℳ, geb. in Halbfranz 61 ℳ.

*"The work is an invaluable book of reference, since it contains all that is to be found in other descriptive treatises and a great deal more besides, and appears to be extraordinarly accurate."*

*H. A. Miers. (The mineralogical Magazine. 1897. Vol. XI.)*

---

GRUNDZÜGE

DER

# PHYSISCHEN ERDKUNDE

von

**Prof. Dr. Alexander Supan,**

Herausgeber von Petermanns geographischen Mitteilungen.

Dritte, umgearbeitete und verbesserte Auflage.

**Mit 230 Abbildungen im Text und 20 Karten in Farbendruck.**

gr. 8. 1903. geh. 16 ℳ, geb. in Halbfr. 18 ℳ 50 ₰.

---

DIE

FUNDAMENTALEN PHYSIKALISCHEN EIGENSCHAFTEN

DER

# KRYSTALLE

IN ELEMENTARER DARSTELLUNG.

Von

**Dr. Woldemar Voigt,**

o. ö. Professor der Physik an der Universität Göttingen.

Mit 52 Figuren im Text.

8. 1898. geh. 5 ℳ, geb. 6 ℳ.

Verlag von VEIT & COMP. in Leipzig.

PRAKTISCHER LEITFADEN
DER
# GEWICHTSANALYSE.
Von
**Dr. Paul Jannasch,**
Professor an der Universität Heidelberg.
**Zweite, verbesserte und vermehrte Auflage.**
**Mit zahlreichen Abbildungen im Text.**
gr. 8. 1904. geb. in Ganzleinen 8 *M*.

# PRAKTIKUM DES ANORGANISCHEN CHEMIKERS.
**Einführung in die anorganische Chemie auf experimenteller Grundlage.**
Von
**Dr. Emil Knoevenagel,**
Professor an der Universität Heidelberg.
**Mit zahlreichen Figuren, Tabellen und sieben Tafeln.**
gr. 8. 1901. geb. in Ganzleinen 7 *M* 80 *Pf*.

Das „Praktikum“ ist dazu bestimmt, als Einführung in die anorganische Chemie zu dienen. Es unterscheidet sich von anderen Werken ähnlicher Tendenz wesentlich dadurch, daß es nicht lediglich eine analytische Chemie darstellt, sondern neben der Beschreibung der Arbeitsmethoden und einzelner Versuche auch die dazu gehörigen theoretischen Erläuterungen enthält. Das „Praktikum“ beginnt mit der Entwickelung der einfachsten chemischen Begriffe, soweit dieselben für die Analyse von Bedeutung sind, behandelt bei den einzelnen Elementen kurz deren Eigenschaften und bespricht ausführlich die analytisch wichtigen Verbindungen. Das Buch enthält manches Neue, das im Laufe der Jahre im Heidelberger Laboratorium ausprobiert worden ist.

# LEHRBUCH DER ORGANISCHEN CHEMIE
von
**Victor Meyer und Paul Jacobson.**
**Zweiter Band.**
## Cyclische Verbindungen. — Naturstoffe.
**Erster und zweiter Teil.**
Lex. 8. geh. 44 *M* 50 *Pf*, geb. in Halbfranz 50 *M* 50 *Pf*.

Erster Teil. Einkernige isocyclische Verbindungen. Die Gruppe der hydroaromatischen Verbindungen ist in Gemeinschaft mit P. Jacobson bearbeitet von Carl Harries. (XX u. 1076 S.) 1902. geh. *M* 27.—
geb. in Halbfranz *M* 30.—

Zweiter Teil. Mehrkernige Benzolderivate. In Gemeinschaft mit P. Jacobson bearbeitet von Arnold Reissert. 1903. geh. *M* 17.50
geb. in Halbfranz *M* 20.50

Der dritte Teil des zweiten Bandes wird die heterocyclischen Verbindungen und die Naturstoffe unbekannter Konstitution enthalten.

Der erste Band „Allgemeiner Teil. Verbindungen der Fettreihe“ ist vergriffen. Die zweite Auflage wird demnächst zu erscheinen beginnen.

Druck von Metzger & Wittig in Leipzig.

MIX
Papier | Fördert gute Waldnutzung
FSC® C083411

Zeitfracht Medien GmbH
Ferdinand-Jühlke-Straße 7
99095 Erfurt, Deutschland
produktsicherheit@kolibri360.de